<u>Recommandations importantes pour la bonne marche du moteur.</u>

Avoir soin de graisser régulièrement les roulements de paliers de cylindres, et de bien vérifier le rodage des soupapes.

ISBN 979-10-95781-17-2

INSTRUCTIONS

SUR LE

MONTAGE ET LE RÉGLAGE

DES

Moteurs « LE RHONE »

Type C. 80 HP.

Type J. 110 HP.

Sens de rotation
71
42
174
110
41
G
72
175
20
81
76
78
80
439
79
629
628

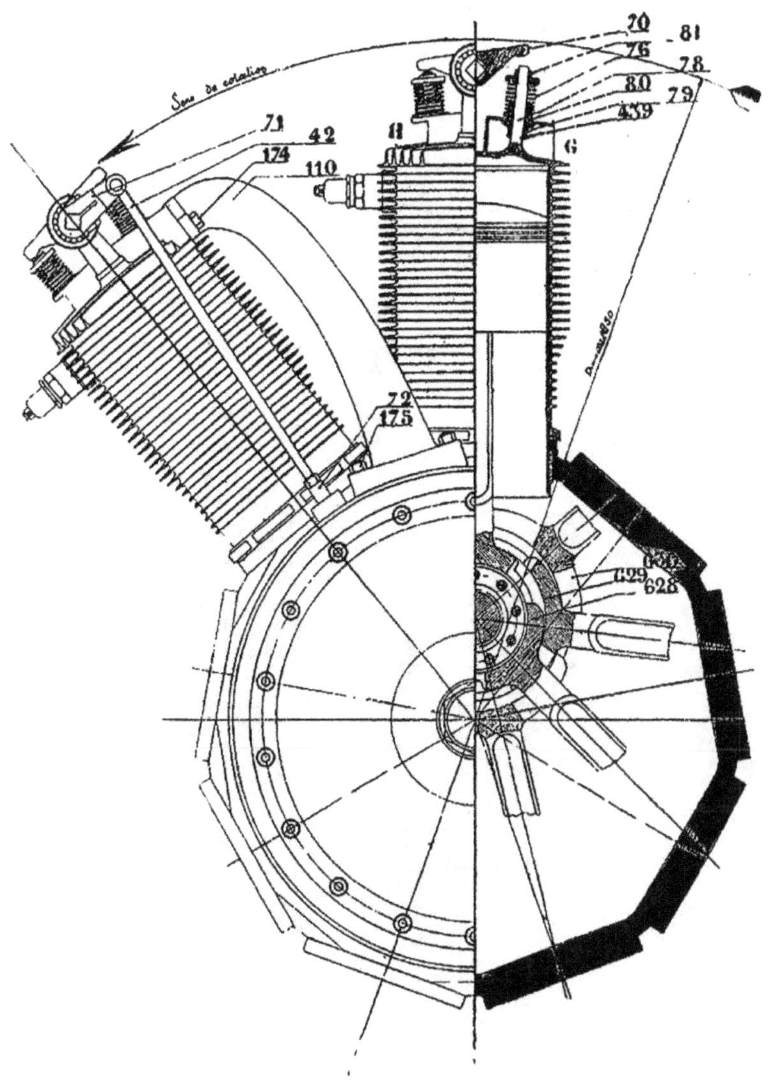

3

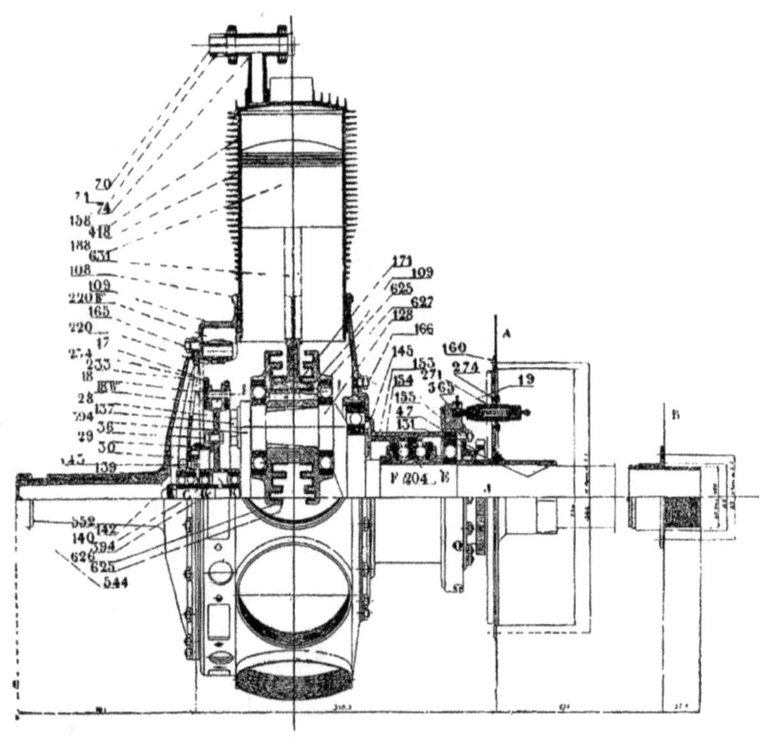

FONCTIONNEMENT
DES

MOTEURS ROTATIFS

LE MOTEUR A EXPLOSION

I

Afin d'exposer plus clairement le fonctionnement du moteur «LE RHONE», nous allons procéder indirectement en étudiant celui d'un moteur courant *(genre moteur d'automobile),* dont le cylindre serait fixe et dont le piston et la bielle commanderaient le vilebrequin tournant dans ses paliers.

Nous rappellerons brièvement le fonctionnement des moteurs à explosion à 4 temps, dont le principe est adopté dans le moteur « LE RHONE ».

1er TEMPS - Le piston descend, la soupape d'admission A (figure 1) est ouverte, le mélange d'air et d'essence vaporisée (qui s'effectue dans le carburateur C) est aspiré.

2ème TEMPS - Le piston remonte et comprime le mélange dans le fond du cylindre.

3ème TEMPS - Au moment où le piston atteint le point le plus haut de sa course, une étincelle électrique jaillit à la bougie B et enflamme le mélange explosif. Il en résulte une pression très élevée sur le piston, qui est obligé de descendu, par suite et la détente des gaz. Ce temps est donc un temps moteur.

4ème TEMPS - Quand le piston atteint le bas de sa course, la soupape d'échappement E est ouverte ; en remontant il chasse dans l'atmosphère les gaz brûlés.

Quand le piston est arrivé au sommet de si course il a expulsé les gaz brûlés du cylindre et le moteur se trouve prêt à accomplir un nouveau cycle.

Les soupapes sont commandées par un mécanisme qui détermine leur ouverture au moment voulu. Toutefois, il y a lieu de remarquer que les moments d'ouverture et de fermeture ne coïncident pas absolument avec les points morts du piston.

Dans le moteur « LE RHONE» on a adopté les positions suivantes :

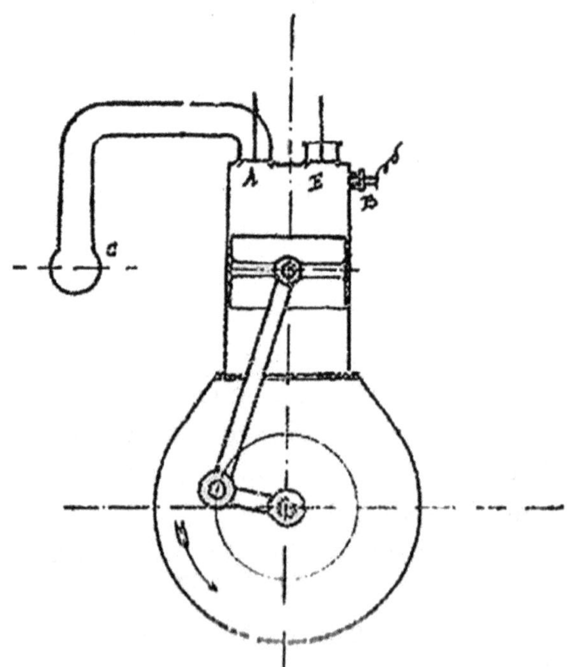

Figure 1

Ouverture   de   la   soupape   d'admission.
—   18°   après le passage au point mort haut.
Fermeture   de   la   soupape   d'admission.

— 35°	après le passage au point mort bas.
Ouverture	de	la	soupape	d'échappement.
— 45°	avant le passage au point mort bas.
Fermeture	de	la	soupape	d'échappement.
— 5°	après le passage au point mort haut.
Point d'allumage.
— 26° avant le passage au point mort haut.

LE MOTEUR ROTATIF
II

Reportons-nous à la figure 1 et admettons qu'au lieu d'immobiliser le carter et le cylindre en laissant tourner le vilebrequin nous immobilisions le vilebrequin et nous obligions le cylindre et le carter à tourner autour de son centre, les mouvements du piston par rapport aux cylindres s'effectueront de la même façon, ceux des commandes de soupapes également et nous aurons réalisé un moteur rotatif

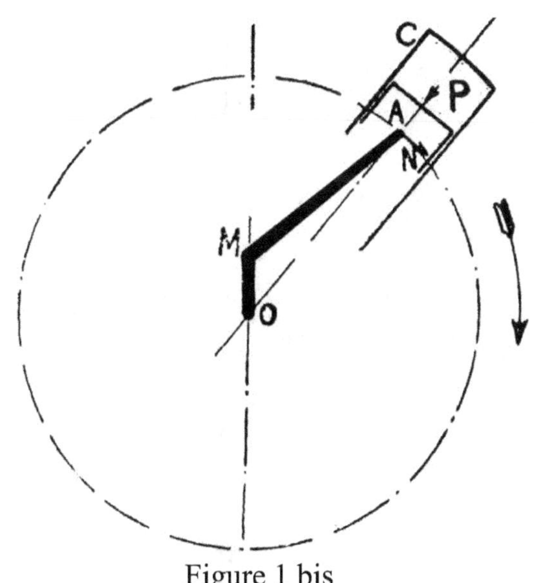

Figure 1 bis

La figure 1 *bis* permet de se rendre compte de ce qui se passe dans ce cas.

L'arbre manivelle OM est fixe, le cylindre C peut tourner autour du centre O et le piston autour du centre M. En raison de l'excentrage de ces axes de rotation et de la simultanéité des mouvements, la distance entre le fond de piston et le fond de cylindre est variable suivant la position de l'axe OA du cylindre par rapport à la ligne des centres OM.

Cette distance passe par un maximum lorsque le cylindre est au-dessous de O et par un minimum lorsqu'il est au-dessus de M, la différence entre ces deux distances est égale à la course ou à deux fois la longueur du maneton OM.

A l'explosion l'effort P se décompose en un effort F suivant la direction de la bielle AM et en un effort N normal à l'axe du piston et du cylindre. L'effort F est détruit

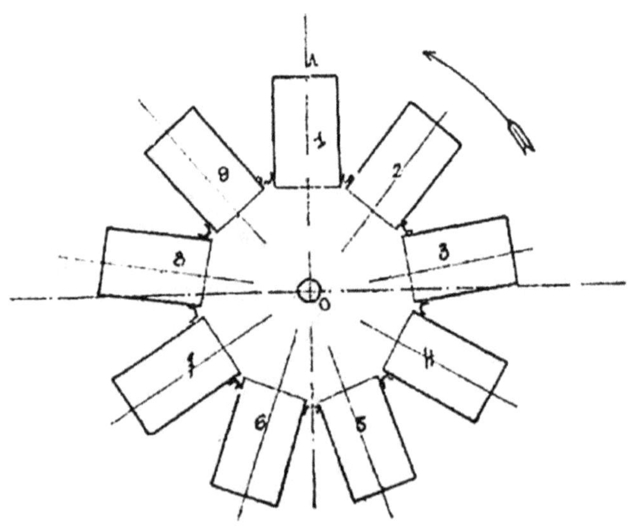

Figure 2
Ordre de marche des cylindres (1, 3, 5, 7, 9, 2, 4, 6, 8)

par la réaction due à la fixité du point M et l'effort N tend à faire tourner le cylindre autour du point O dans le sens de la flèche.

Afin d'équilibrer les masses tournantes et de supprimer les points morts, on répartit autour du carter un certain nombre de cylindres qui ont ainsi un vilebrequin commun.

Le nombre de ces cylindres doit toujours être impair et la distribution doit les commander non pas successivement, mais de deux en deux En effet, reportons-nous à la figure 2.

Nous savons que le cycle complet s'effectue en deux tours ; c'est donc pendant ce temps que tous les cylindres devront avoir accompli leur fonction à intervalles également distants. Supposons le cylindre 1 dans la position OA à l'explosion, et le moteur tournant dans le sens de la flèche ; quand le cylindre 3 viendra en OA il sera à l'explosion, ensuite le cylindre 5, ensuite 7, 9, 2, 4, 6, 8, 1, et nous aurons réalisé deux tours.

L'ordre de marche des cylindres est donc : 1, 3, 5, 7, 9, 2, 4, 6, 8.

Les figures 3, 4, 5, 6, 7 représentent les positions exactes d'un des cylindres à chacun des temps du cycle.

Les considérations qui précèdent permettent de se rendre compte aisément des avantages que possède le moteur rotatif sur le fixe comme moteur d'avion :

1° Les cylindres tournant dans l'air à une très grande vitesse pourront se refroidir d'eux-mêmes ; donc suppression du radiateur de toute tuyauterie et de l'eau de refroidissement ;

2° Répartition d'un grand nombre de cylindres sur un carter très court et un vilebrequin à un seul coude ; il en résulte une grande réduction de poids qui vient s'ajouter à celle provenant de la suppression de tout dispositif auxiliaire de refroidissement ;

3° Les cylindres et le cartel tournant à grande vitesse constituent un volant d'une masse très importante qui donne une régularité absolue de mouvement et une absence totale de trépidations ;

4° Par suite de l'absence d'une canalisation d'eau, le montage et le démontage du moteur sur l'appareil s'opèrent en toute sécurité en un temps très minime ; de plus, le démontage des pièces du moteur lui-même est considérablement simplifié par le groupement des organes.

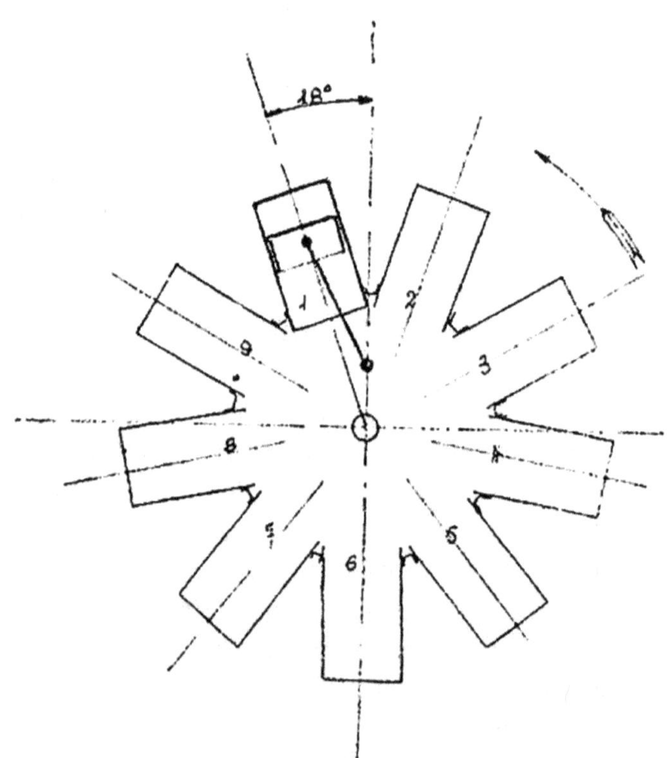

Figure 3 Ouverture de l'admission

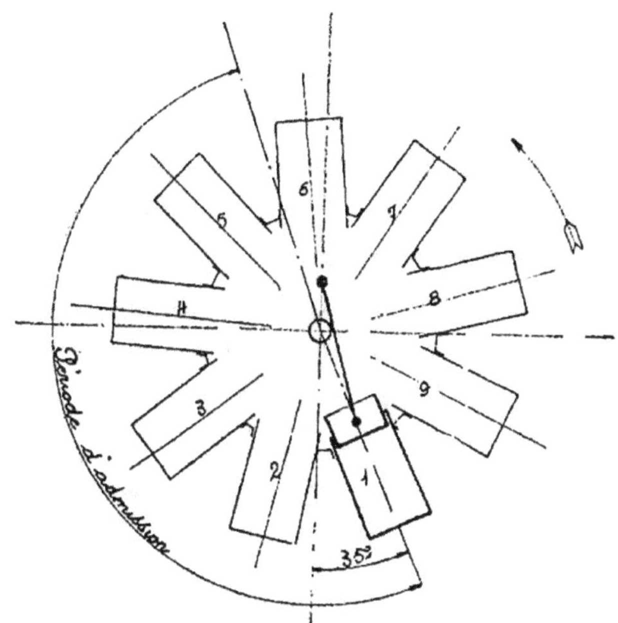

Figure 4 Fermeture à l'admission

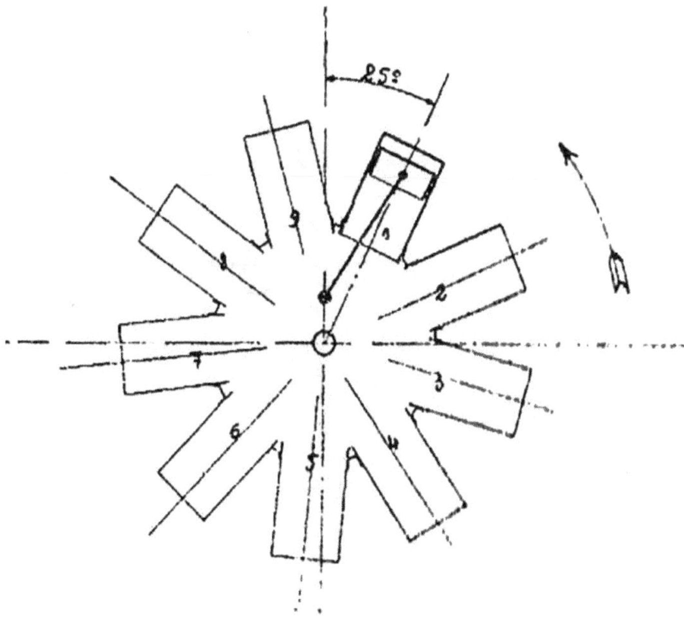

Figure 5 Schéma de l'allumage

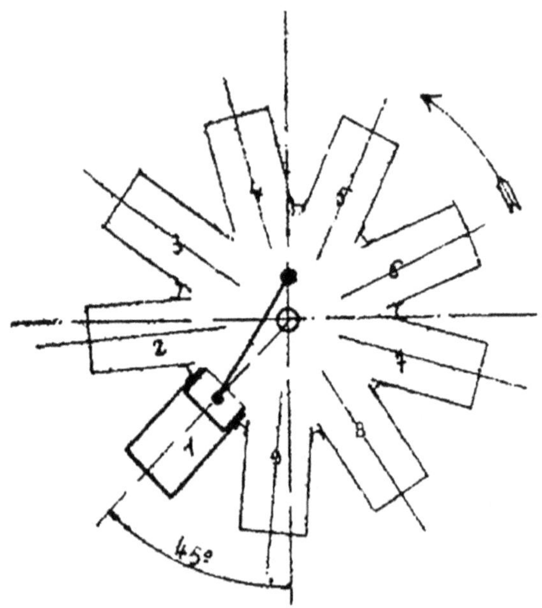

Figure 6 Moteur à l'ouverture de l'échappement

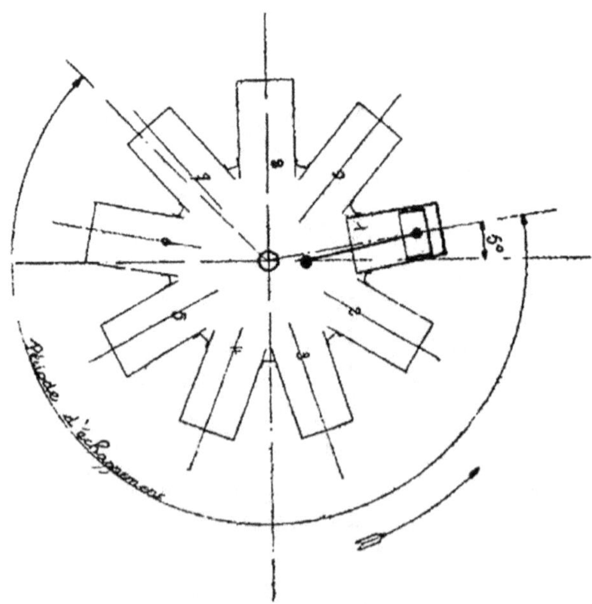

Figure 7 Fermeture à l'échappement

DESCRIPTION
DU
Moteur "LE RHONE", type C 80 HP.

Alésage 105 m/m.
Course 140 m/m
9 cylindres — 1200 tours.

III

Pour faciliter les explications, nous supposerons le moteur disposé à l'avant d'un aéroplane et nous appellerons **avant** le côté de l'hélice et **arrière** celui du vilebrequin. Toutes les figures ont été représentées le moteur vu du côté de l'hélice, son mouvement de rotation est donc vu en sens inverse du mouvement des aiguilles d'une montre

PARTIE FIXE

Elle est constituée (fig. 8) par le vilebrequin (128) qui est emmanché dans le plateau (160). Ce plateau est immobilisé par des boulons sur une des tôles A de l'aéroplane et l'arrière du vilebrequin est relié à une deuxième tôle B.

En avant du plateau, le vilebrequin est donc entièrement libre et toute la partie tournante pourra se montrer dessus en porte à faux.

Le plateau 160 supporte divers organes devant rester fixes : la magnéto, la pompe à huile, le porte-charbon ; l'arrière du vilebrequin reçoit le carburateur et le mélange carburé pourra pénétrer par l'arbre qui est creux pour aboutir dans le carter.

Le vilebrequin est prolongé à l'avant par un contre-coude (394) dont l'extrémité supporte la distribution.

Nous étudierons en dernier lieu les organes destinés à assurer le graissage et qui sont entièrement logés dans le vilebrequin.

PARTIE TOURNANTE
IV

Elle comprend :
1° Le carter ;
2° Les cylindres ;
3° Les bielles et les pistons ;
4° La distribution ;
5° Une partie des organes d'allumage.

CARTER
V

Le carter proprement dit n°109 est assemblé à l'avant avec le nez porte-hélice (21 et le faux nez (17); à l'arrière avec le moyeu arrière (153). Cet ensemble tourne autour du vilebrequin et repose sur lui par l'intermédiaire de 3 roulements à billes annulaires CDE, une butée à billes F 204 supporte l'effort de traction de l'hélice.

En outre, le moyeu arrière porte l'engrenage (47) et le distributeur (565), dont nous examinerons les fonctions en étudiant l'allumage.

14

CYLINDRES
VI

Ils sont vissés sur le carter et immobilisés par les contre-écrous 108. Leur intérieur est garni d'une chemise en. fonte emmanchée à la presse. Ils portent dans leur fond les sièges des soupapes d'admission et d'échappement. Ces soupapes sont rappelées sur leurs sièges par des ressorts très légers qui assurent leur fonctionnement au départ ; en pleine marche la force centrifuge les rappelle alors énergiquement. Le basculeur de cylindre (70) commande alternativement la soupape d'admission G et la soupape d'échappement H, par suite de son mouvement oscillant dans le palier à roulements à billes (74).

Sur ce basculeur est calé un levier (71) commandé lui-même par la tringle 42.

Les tubulures 110 en deux parties conduisent le mélange carburé du carter aux soupapes d'admission.

BIELLES ET PISTONS
VII

Les bielles (fig. 9) sont rattachées au vilebrequin (128) par deux coquilles reposant sur le maneton par l'intermédiaire de deux roulements à billes I.

Les coquilles de têtes de bielle sont munies, chacune, de 3 rainures garnies de bronze dans lesquelles peuvent coulisser les talons des bielles ; ce dispositif permet aux bielles d'osciller les unes par rapport aux autres. Des vis munies de rondelles Grower réunissent les deux coquilles.

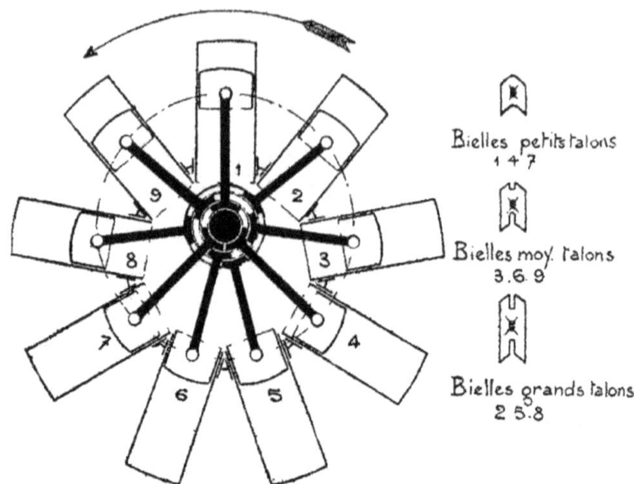

Figure 9 Assemblage des bielles

Les pistons 188 sont en fonte (figure 10), ils ont quatre rainures dans lesquelles sont logés des segments en acier spécial.

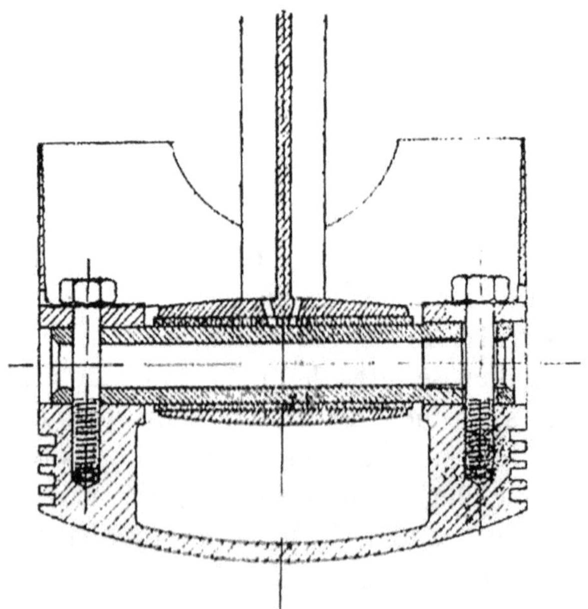

Figure 10 Piston pied de bielle

COMMANDE DE LA DISTRIBUTION
VIII

Deux cames, l'une d'admission (233) (figure 11), l'autre d'échappement (234) commandent neuf basculeurs de carter (220) reliés aux tringles 42.

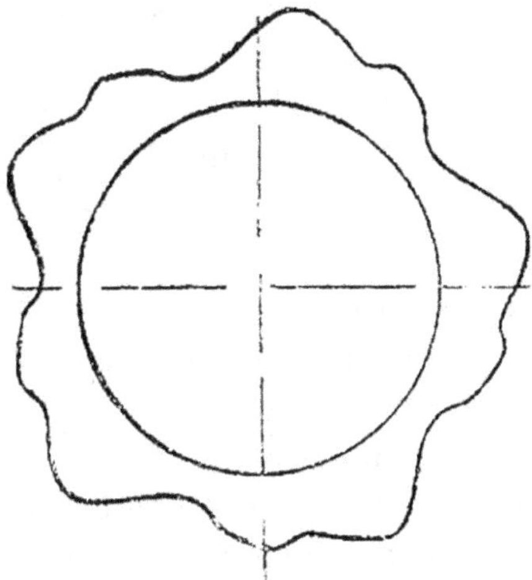

Came d'échappement

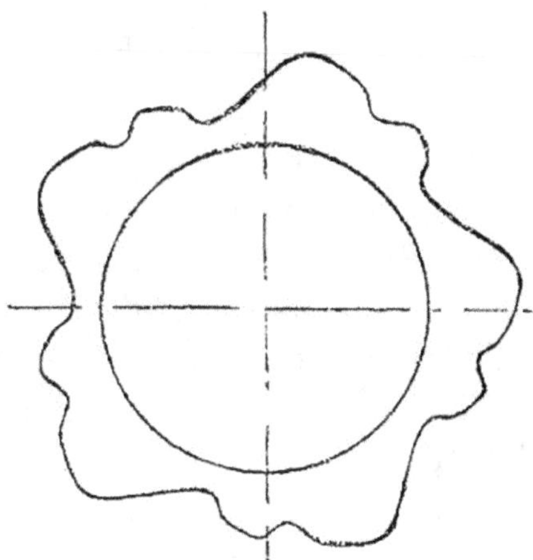

Came d'admission

Les basculeurs sont animés d'un mouvement d'oscillation provoqué par le roulement des galets d'admission (97) et d'échappement (98) sur leur came respective. On se rend compte que la force centrifuge agissant sur la tringle 42 aura tendance à appliquer le galet d'admission sur sa came. Cette remarque est très importante et l'on en verra l'application lors du réglage de la distribution. Les cames sont boulonnées sur le porte-cames 28 et peuvent tourner sur le contre-coude par l'intermédiaire de deux roulements KK.

Sur le faux nez 17 est boulonné le pignon 30 (45 dents) qui engrène avec la roue à dentures intérieures 29 (50 dents) calée sur le porte-cames ; afin d'assurer l'engrènement les portées des roulements à billes KK sont excentrées de la quantité correspondant à la différence de ces rayons des engrenages.
Chaque came comporte cinq profils identiques qui, combinés avec l'excentrage, donnent aux neuf basculeurs les mouvements correspondant au temps d'ouverture et de fermeture des soupapes exposées aux figures 3, 4, 6, 7.

ALLUMAGE
IX

La magnéto est fixée sur le plateau de vilebrequin 160 ; elle porte un pignon (16 dents) qui est commandé par l'engrenage 47 (36 dents) tournant avec le carter. La magnéto comporte un dispositif de rupture déterminant la position d'allumage qui est la même pour tous les cylindres ; un fil conduit le courant au porte-charbon 271 fixé sur le plateau.

Ce porte-charbon frotte sur le distributeur 565, solidaire du carter et qui porte 9 plots. Un fil nu part de chacun des plots pour aboutir à la bougie de chaque cylindre.

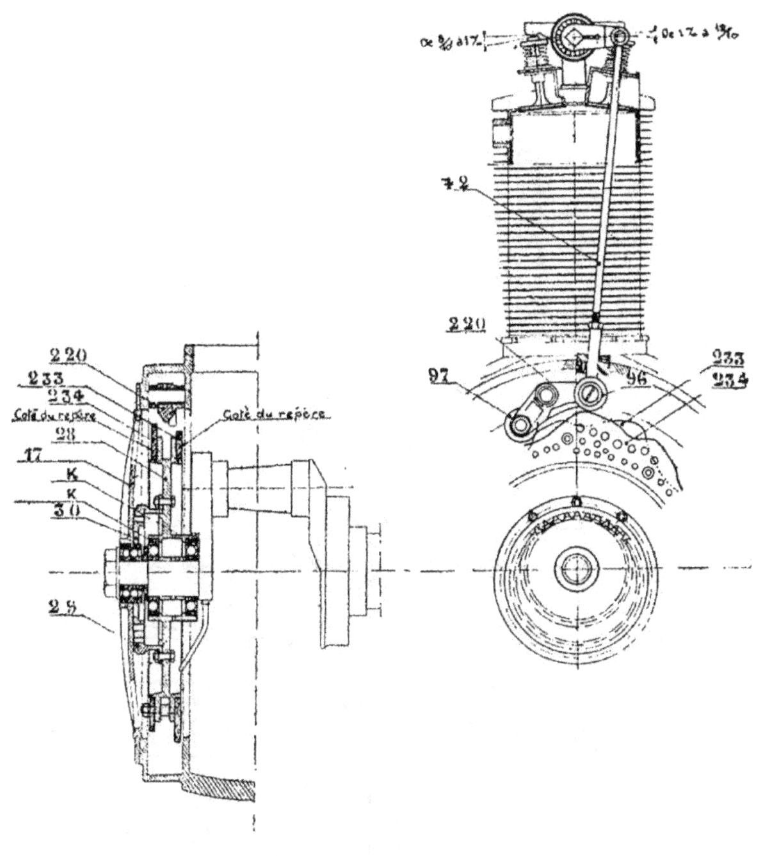

Figure 11 Distribution

Si l'on se rappelle l'ordre de marche des cylindres indiqués au paragraphe 2 on verra que les plots ne doivent .transmettre le courant que de deux en deux et dans l'ordre 1, 3, 5, 7, 9, 2, 4, 6, 8 ; chaque point, d'allumage correspondant à l'instant où les vis platinées de la magnéto se séparent.

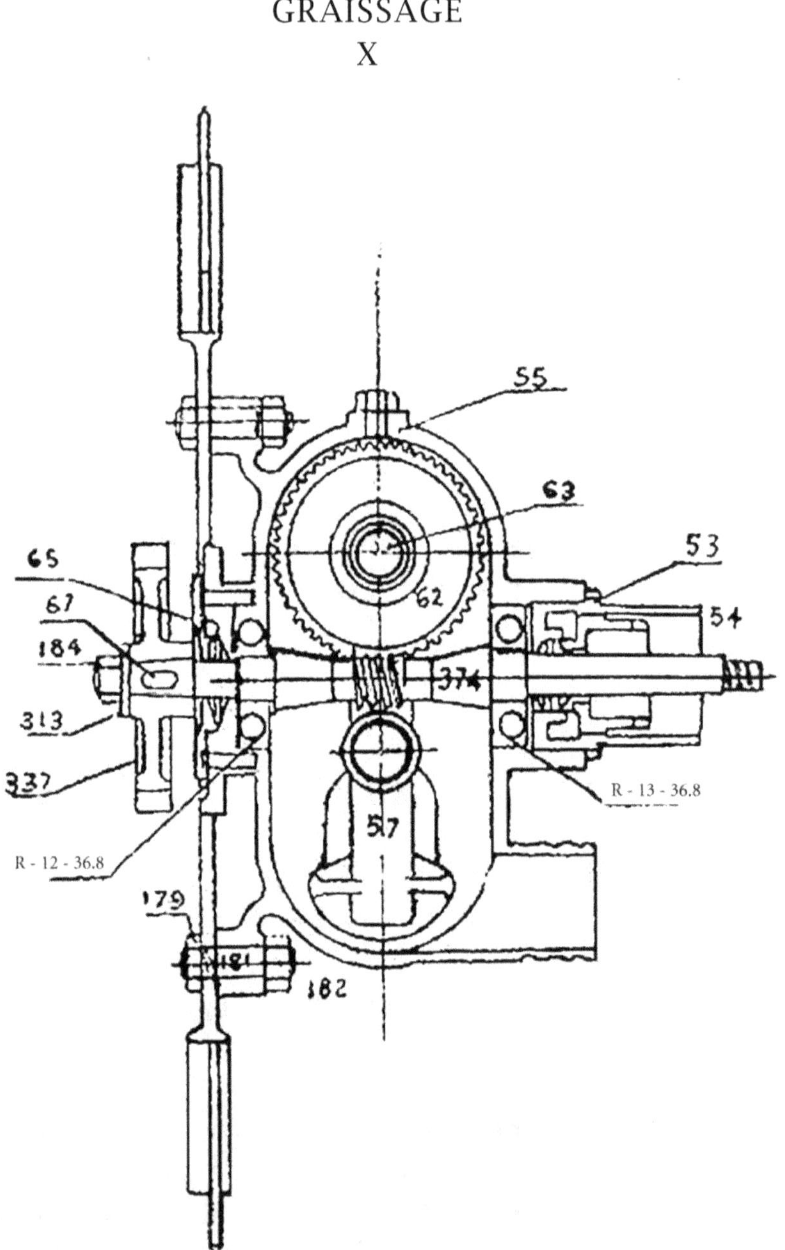

Figure 12a Pompe à huile

   La pompe à huile est fixée sur le plateau 160 ; son arbre 374 (fig. 12) porte un pignon 337 qui est commandé par l'engrenage 47 solidaire du carter.

L'arbre 374 porte une vis sans fin engrenant avec une roue 62 montée sur l'arbre manivelle 63. Ce dernier commande le plongeur 14 qui coulisse dans le cylindre oscillant 57 ; un ressort réglable applique le cylindre oscillant sur la glace 56 qui porte un canal de refoulement vers la sortie 339. L'arrivée d'huile se fait par la tubulure inférieure ; un bouchon placé à la partie supérieure permet d'évacuer l'air de la pompe au moment du départ.

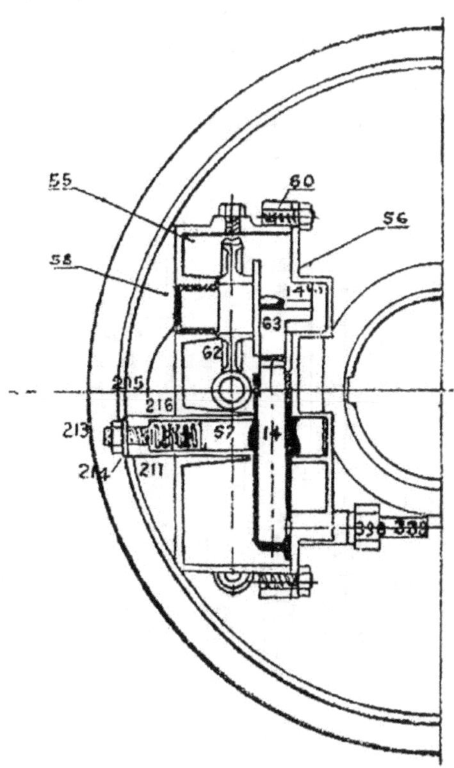

Figure 12b Pompe à huile

A la sortie de la pompe, l'huile est conduite par un tube au plateau 160 (fig. 13), elle traverse le vilebrequin et suit un canal ménagé dans la douille d'aluminium 146 et repasse ensuite dans le vilebrequin et le contre-coude.

MOYEU ARRIÈRE
XI

Retourner le moteur et enlever, si ce n'est déjà fait : le carburateur, l'écrou 202 et la bague arrière 130, l'écrou 131 et le plateau arrière 160 portant la magnéto, la pompe, les pignons et le porte-charbon.

Enlever les écrous 167 fixant le carter au moyeu 133, faire glisser ce dernier sur le vilebrequin, après avoir enlevé les deux clavettes 144 du plateau arrière. La butée double, le distributeur et le pignon de commande suivent et sortent avec le moyeu.

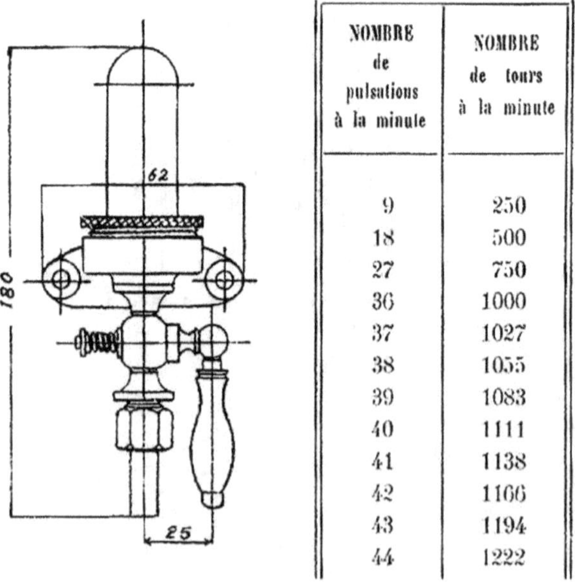

NOMBRE de pulsations à la minute	NOMBRE de tours à la minute
9	250
18	500
27	750
36	1000
37	1027
38	1055
39	1083
40	1111
41	1138
42	1166
43	1194
44	1222

Figure 14   Cloche à huile

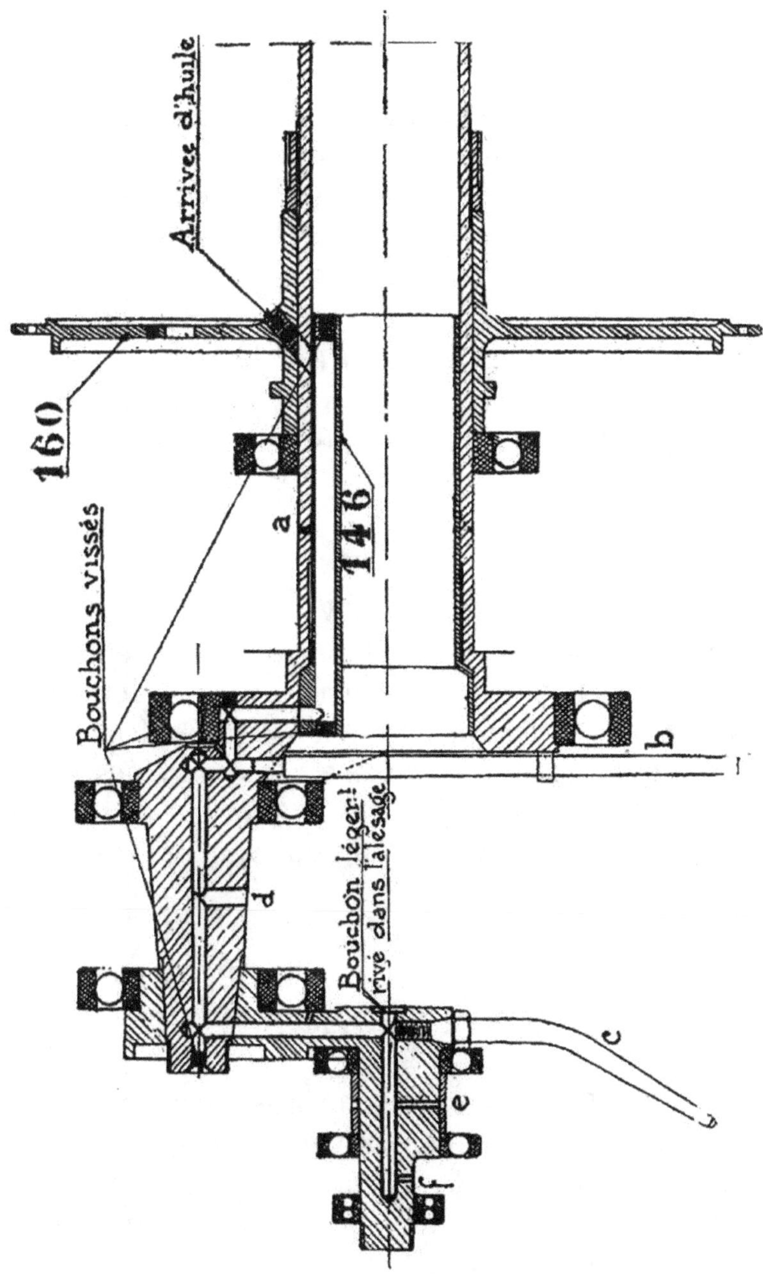

Figure 13 Distribution de l'huile dans le moteur

VILEBREQUIN
XII

Enlever le tube de graissage 148 et retirer le vilebrequin en plaçant le haut du maneton en regard de l'encoche faite sur la collerette intérieure du carter.

PISTONS
XIII

Enlever les deux vis goupilles 255. Retirer l'axe conique, enlever la bielle et les segments de pistons.

SOUPAPES
XIV

Enlever le levier 71 en retirant complètement le boulon d'arrêt 164. Chasser le basculeur 70 et les deux roulements. Dégoupiller et dévisser les deux arrêts de ressorts 81 sortir ces ressorts ; les soupapes s'enlèvent par l'intérieur des cylindres. Le rodage d'une soupape nécessite donc le - démontage du cylindre.

VÉRIFICATION A EFFECTUER
LORS DES DÉMONTAGES

1° CYLINDRES — Leur surface intérieure doit être brillante ; s'il y a quelques rayures, roder très légèrement, avec un faux-piston ou à défaut avec le piston du cylindre intéressé, ce travail ne doit s'effectuer qu'avec de la poudre du Levant la plus fine.
Vérifier les portées de soupapes, les roder s'il y a lieu. Ce travail doit être terminé à la poudre du Levant jusqu'à portage absolu.

Décrasser l'intérieur et l'extérieur du cylindre.

2° BIELLES ET PISTONS — Les rainures de la tête de bielle doivent être lisses et sans rayures ainsi que les talons de bielle ; s'il y a lieu à rodage le faire avec du soufre.

Les pistons ne doivent pas être noirs au-dessous des segments ; dans le cas contraire, il y a lieu de vérifier les segments qui doivent être brillants sur tout leur pourtour sinon on les glacera au pétrole dans le cylindre. Décrasser les pistons sur le dessus et intérieurement.

3° DISTRIBUTION — Les galets (ceux opposés à la tringle particulièrement) doivent être brillants et blancs ; les cames (surtout celle d'admission) ne doivent présenter aucune trace de matage, de grippure, d'usure ou d'échauffement ; dans le cas contraire il y aura lieu de remplacer les galets ou les cames.

Le changement des galets ne présente aucune difficulté ; quant à celui d'une came il doit être fait conformément aux indications des paragraphes XXVIII, XXIX, XXX.

XXII. — 4° VILEBREQUIN. — A l'aide d'une seringue, envoyer un jet d'essence par le trou d'arrivée d'huile ; l'essence doit ressortir par les cinq orifices indiqués au paragraphe X.

XXIII. 5° ALLUMAGE. — Les électrodes des bougies doivent être propres et exemptes d'huile carbonisée. Le distributeur 565 doit être nettoyé ainsi que le charbon dont on grattera à la toile émeri la surface frottante si celle-ci est bronzée.

REMONTAGE du MOTEUR
XXIV

Ce travail doit être effectué avec la plus grande propreté ; toutes les pièces, après avoir été décrassées, seront lavées au benzol à l'aide d'un pinceau ; quand on emploiera des chiffons, ils devront être propres et non pelucheux. On ne devra jamais frapper sur les pièces sans interposer un jet en cuivre ou en aluminium. Toutes les pièces ou roulements seront graissés dans leurs parties frottantes avant leur mise en place.

Si toutes les pièces ont été démontées, procéder rigoureusement dans Tordre suivant :

VILEBREQUIN ET CARTER
XXV

1° Fixer le grand roulement du vilebrequin à l'aide des 4 vis à tête plate. Engager le tout sur le carter, le roulement bien d'aplomb dans son logement.

2° Engager le moyeu arrière 153 dans lequel la butée a été serrée par son écrou 154 ; prendre garde à ce que le congé de l'alésage de la butée soit tourné vers la bride de fixation au carter. Serrer les écrous

3°. Mettre le roulement du moyeu arrière ; engager le porte-distributeur 19 au repère 0, emmancher dessus le distributeur 165 dans son ergot (pièce fragile). Mettre l'engrenage 47 et serrer les écrous assemblant le tout en mettant des rondelles Grower.

4° Mettre les clavettes du vilebrequin ; mettre les joints en cuir à l'intérieur de l'engrenage 47 et emmancher le plateau 160 après avoir graissé ; pour ne pas se tromper de côté, vérifier si les trous d'huile du plateau et du vilebrequin concordent. Serrer l'écrou 131 fixant le plateau à l'aide de da clé spéciale. Il faut alors s'assurer en regardant du côté du carter qu'il existe un jeu longitudinal de 1 m/m entre l'avant du grand roulement du carter et la cloison.

5° Fixer le tube de graissage 148 par ses étriers 149 et ses vis.

BIELLES ET PISTONS
XXVI

1° Assembler chaque bielle avec son piston, mettre les rondelles Grower sous les têtes des vis ; les numéros du piston et de l'axe devant correspondre à ceux des bielles et tous tournés vers l'avant du moteur.

2° Mettre le roulement du vilebrequin et la coquille correspondante (celle dont les 9 trous sont taraudés). Engager successivement les bielles dans l'ordre 1, 2, 3, 4, etc., les numéros toujours tournés vers l'avant en faisant tourner le carter. Dans cette opération prendre garde à ne pas buter les pistons ni les segments contre les bouches du carter. Mettre la coquille avant, les repères en face et puis serrer progressivement les 9 vis munies de leurs rondelles Grower.

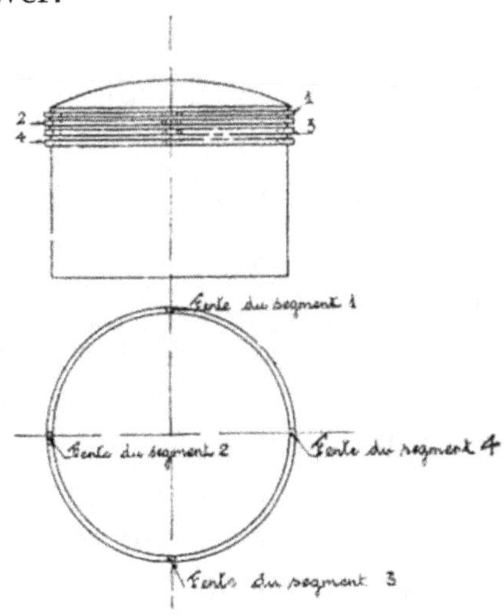

Figure 1B Disposition des Segments

3° Mettre le contre-coude sur lequel on aura préalablement vissé le tube de graissage et emmanché le roulement de tête de bielle ; serrer l'écrou en bout de maneton et mettre sa vis d'arrêt.

CYLINDRES
XXVII

1° Monter les soupapes avec leurs ressorts et goupiller soigneusement les arrêts. Mettre le basculeur, ses roulements, caler le levier et serrer son boulon en mettant une rondelle Grower ; la tête du boulon doit être tournée vers le centre du moteur.

2° Pour monter chaque cylindre, procéder de la façon suivante : l'emmancher sur son piston en prenant soin de ne pas coincer les segments et en mettant les coupes dans l'ordre indiqué par la figure 15. Ensuite visser chaque cylindre sur le carter, de façon que la distance du centre de basculeur au carter soit de 272,4 m/m (figure 16). Orienter exactement le cylindre en se servant de la réglette contenue dans l'outillage, puis serrer modérément le contre-écrou à l'aide de la clé spéciale.

DISTRIBUTION
XXVIII

1° Monter les cames sur le porte- cames, les repères 0 en face de celui du porte-cames ; ces repères devant rester visibles (ceci détermine le côté d'emmanchement). Se reporter à la figure 11 afin de ne pas les intervertir. Serrer les boulons en ayant soin de placer les entretoises 18 *bis.* Boulonner la roue à denture intérieure au repère.

2° Monter sur chaque basculeur ses galets et sa tête de tringle 72 ; introduire les basculeurs ainsi montés dans le carter en faisant passer les têtes de tringles dans les presse-étoupes 83 ; ne pas emmancher encore les axes des basculeurs.

3° Mettre le roulement qui porte un fort congé sur le contre-coude ; poser le porte-cames en tournant la came d'admission vers les bielles, mettre l'entre toise centrale 139, le deuxième roulement du porte- came, la rondelle 140, le roulement du faux riez et serrer l'écrou 142. Mettre les axes 75 de basculeur du carter.

4° Monter le pignon 30 sur le faux-nez 17 ; placer le faux-nez sur le carter, les repères 0 en face et engrener les pignons de la distribution également dans leurs repères. Mettre le nez porte-hélice et serrer progressivement tous les écrous.

XXIX. — REMARQUE IMPORTANTE DANS LE CAS DE CHANGEMENT DE CAME. — Les trous de boulons de cames sont légèrement plus grands que les boulons pour parer aux déformations de trempe. Quand on montera une nouvelle came on l'emmanchera au repère sur le porte-came, on mettra un seul boulon et on vérifiera le réglage sur un seul cylindre, comme il est dit au § XXX qui suit ; s'il est nécessaire, on frappera légèrement sur la came dans un sens ou dans l'autre, ce qui la décalera d'une faible quantité jusqu'à ce que le réglage soit bon. On serrera alors énergiquement le boulon ayant servi au réglage et on passera un alésoir de 6 dans les autres trous de boulons. On pourra ensuite terminer l'assemblage.

RÉGLAGE DE LA DISTRIBUTION
XXX

Il suffit de placer le moteur, le cylindre 1 à la position haute, le moteur étant à la période d'explosion, on règle la longueur de la tringle 42 de façon à ce que celle-ci étant rappelée vers l'extérieur (ainsi que le produit la force centrifuge), il y ait un jeu de 10 à 12 dixièmes entre le basculeur et la soupape d'admission, et un jeu de 8 à 10 dixièmes entre le basculeur et la soupape d'échappement. On balance alors le moteur de 90° à droite et 90° à gauche, en rappelant toujours la tringle vers l'extérieur et on s'assure que les jeux sont les mêmes, la distribution est alors complètement réglée.

XXXI. — Ce même cylindre étant à la période d'explosion, on le place 26° avant le point mort haut, ce qui est obtenu (fig. 17) en mettant la tringle du cylindre 7 dans la position horizontale, on place alors les vis platinées de la magnéto à la position de rupture, on l'engrène sans la bouger et on la boulonne.

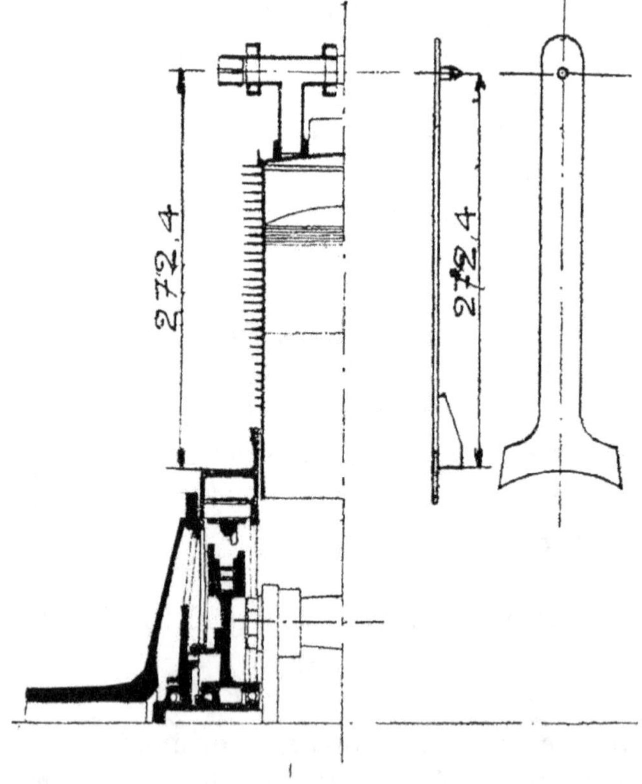

Figure 16 Distance du basculateur au carter

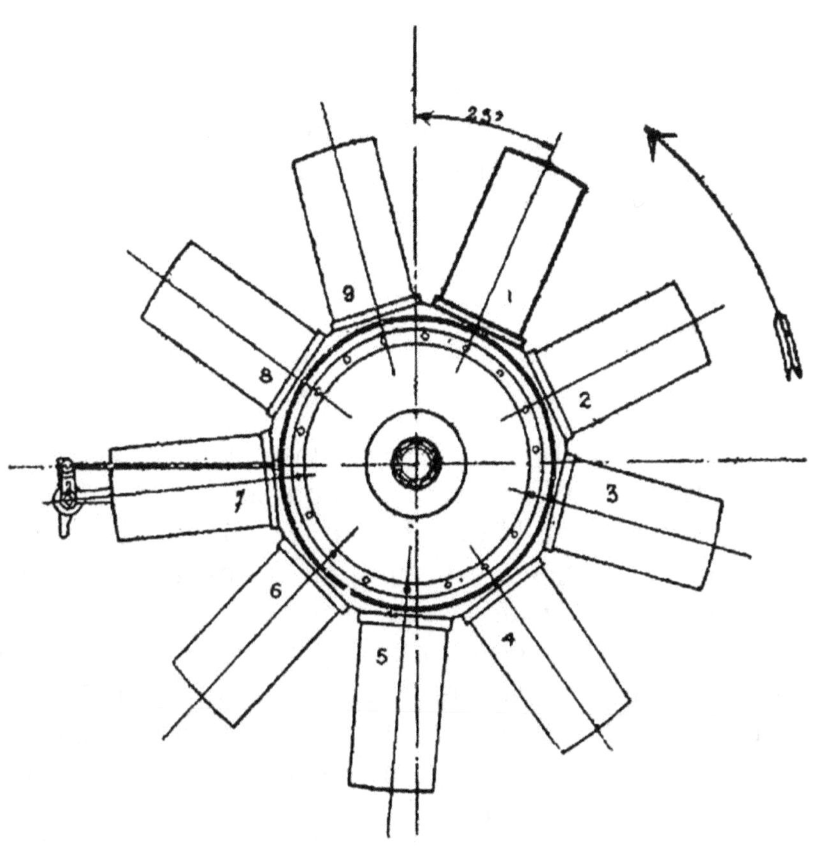

Figure 17 Réglage de l'allumage

DESCRIPTION
DU
Moteur LE RHONE
type J 110 HP.

Allésage 112 m/m
Course 170 m/m
9 cylindres —   1200 tours.
XXXII

DESCRIPTION

Ce moteur 110 HP est basé sur les mêmes principes que le 80 HP ; il en diffère par les points suivants :
La commande de la distribution est placée à l'arrière du moteur, le faux-nez est supprimé, et c'est le nez porte-hélice qui supporte le roulement de contre-coude ; la butée supportant les efforts longitudinaux est supprimée et le roulement arrière qui est à rotule en tient lieu.

L'arrière du carter est fermé par une flasque qui supporte l'engrenage commandant les cames et le distributeur de courant.

Les arrêts de ressorts de. soupapes sont formés de cônes inverses rappelés par les ressorts à la force centrifuge.

Les figures 17 et 18 permettent de se rendre compte de ces divers montages.

Le réglage de ce moteur est le suivant : Retard ouverture admission, 18°. Retard fermeture admission, 35°. Avance ouverture échappement, 55°. Retard fermeture échappement, 5°. Avance à l'allumage, 26°.

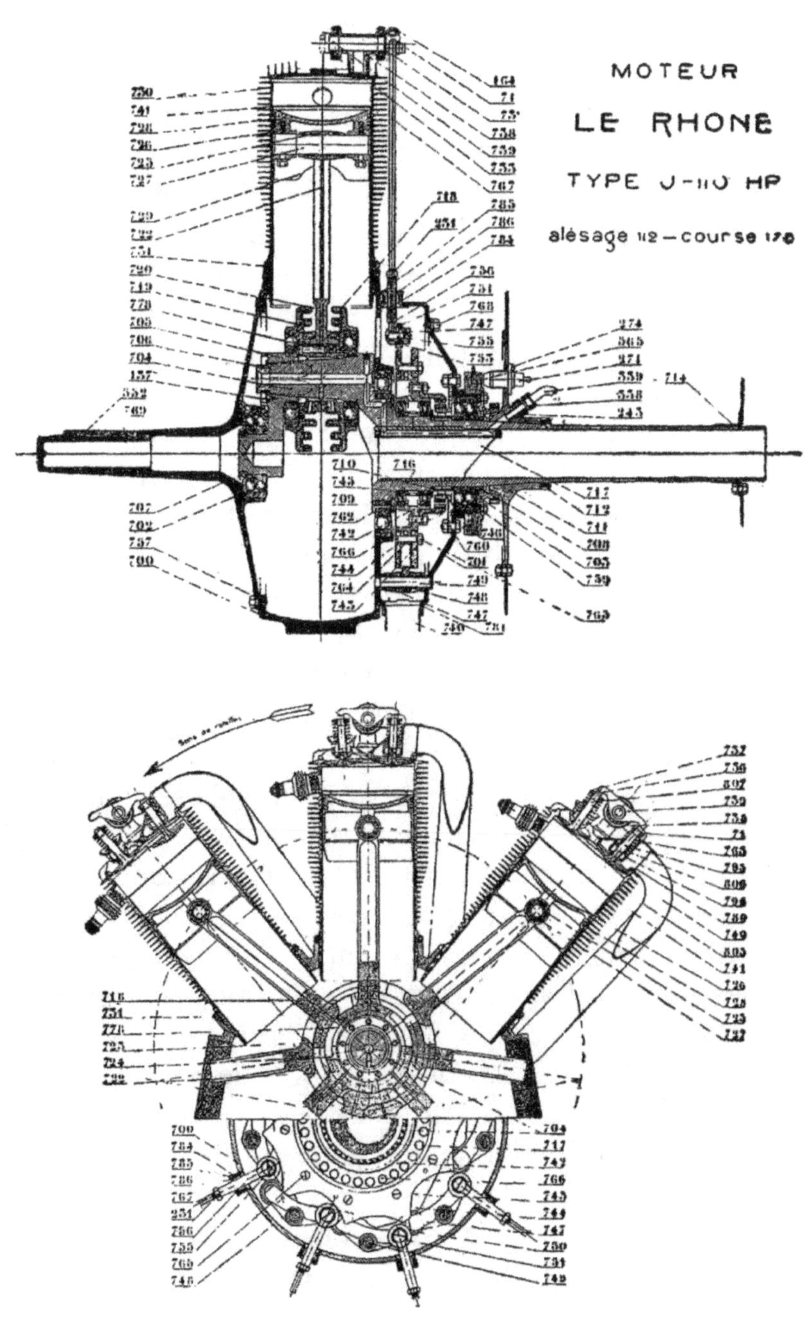

MOTEUR
LE RHONE
TYPE J-110 HP
alésage 112 — course 170

DÉMONTAGE ET MONTAGE
XXXIII

Le démontage de ce moteur s'effectue dans l'ordre suivant :

Pompe, magnéto, tringles, cylindres, nez, contre- coude, coquilles AV, bielles et pistons, coquilles AR, plateau AR, roue de commande de pompe et de magnéto, distributeurs, écrous sur l'arbre, flasque AR, axes de basculeur de carter, porte-cames, basculeurs de carter, vilebrequin.

Pour le montage procéder de la façon suivante :

Mettre le vilebrequin en place le roulement de carter étant monté. Placer les basculeurs de carter sans leur axe, emmancher un roulement de porte-cames bien en place sur le vilebrequin ; placer l'entretoise, puis le porte-cames. Le second roulement du porte-cames doit être mis en place avant de fixer la roue commandée à cause de son diamètre, il serait impossible de l'introduire après dans un logement. Placer l'entretoise séparant le porte-cames du roulement AR, de façon que son embase se trouve du côté carter. Mettre les axes de basculeur de carter, puis la flasque AR, le roulement et le pignon de commande des cames ayant été montés sur cette pièce. Pour cet emmanchement- tenir compte des repères des engrenages de la distribution ainsi que des repères du carter et de la flasque. Bloquer l'écrou sur l'arbre. Placer le distributeur, la roue de commande de la pompe et de la magnéto, le plateau AR, puis les coquilles, bielles et pistons, cylindres, tringles, contre-coude et nez, enfin la pompe et la magnéto.

Si le roulement du nez a sa bague extérieure oscillante (roulement SKF), veiller à ce qu'elle soit bien normale avant d'emmancher le nez.

Pour les détails complémentaires, se reporter à la description des moteurs 80 HP.

CARBURATEUR BLOCKTUBE
XXXIV

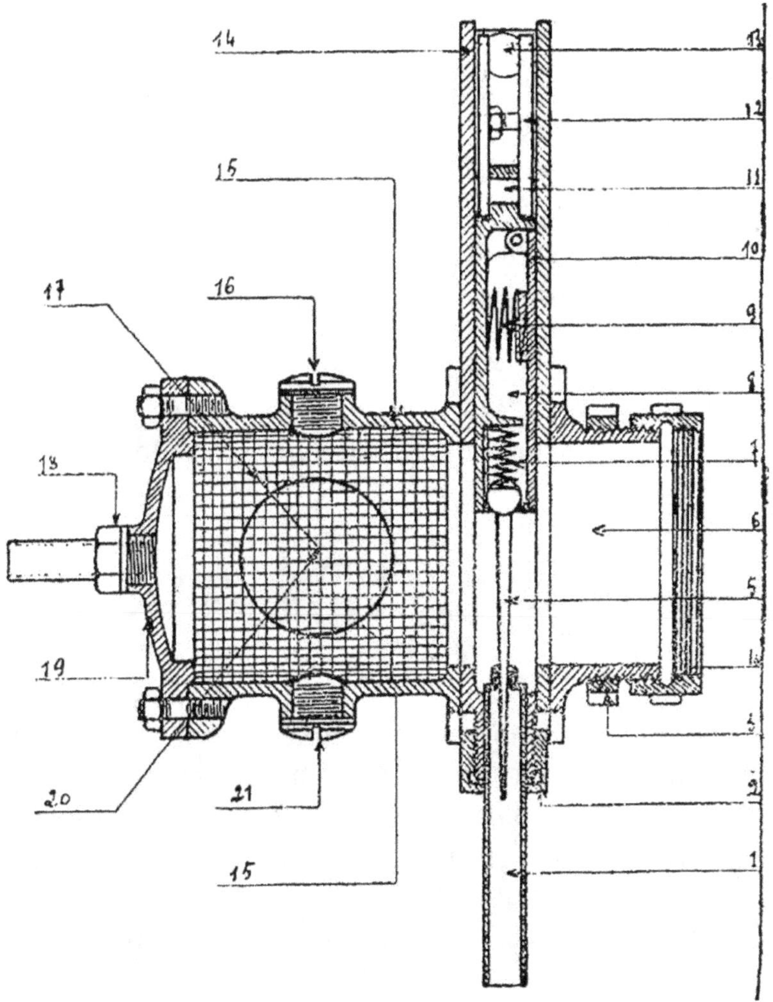

Figure 19   Le carburateur

Ce carburateur (fig. 19), tenu à l'extrémité du vilebrequin par un écrou à deux pas contraires, est formé essentiellement d'une boîte- rectangulaire dans laquelle coulisse un tiroir.

Ce tiroir est à volet de façon à éviter le jeu et, par suite, les rentrées d'air et les trépidations. Il se déplace devant une ouverture circulaire qui permet ainsi de régler l'admission d'air.

A l'extrémité du volet, une aiguille à rotule maintenue par un ressort est entraînée par les mouvements du volet. Cette aiguille coulisse dans un gicleur, d'un diamètre approprié qui règle l'entrée d'essence Deux tubes en aluminium prennent l'air pur en dehors du fuselage et conduisent ainsi les flammes en dehors en cas de retour au carburateur.

Un tube peut se fixer sur un raccord extérieur de la boîte de façon à évacuer l'excès d'essence en dehors de l'appareil et éviter ainsi tout danger d'incendie.

XXXV

FREIN-FILTRE

Cet organe (fig. 20) assure l'épuration de l'essence avant son entrée au carburateur. Un pointeau, poussé par l'intermédiaire d'un ressort, permet la fermeture ou l'ouverture, que l'on peut régler graduellement de façon à doser l'écoulement de l'essence.

A la portée de la main du pilote se trouvent deux secteurs gradués, l'un commandant le volet et l'aiguille du gicleur simultanément et l'autre le frein- filtre.

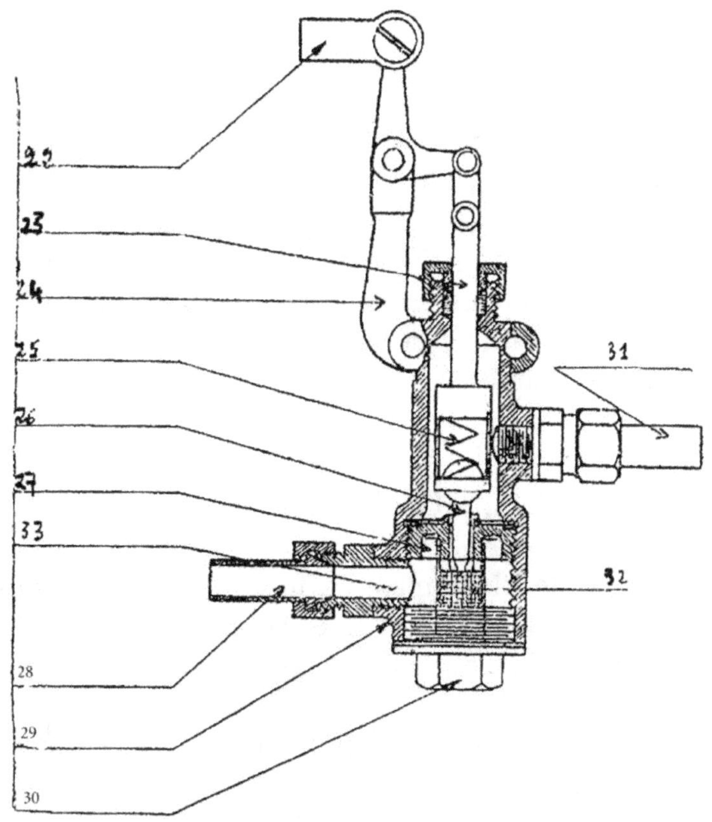

Figure 20 Frein filtre

FONCTIONNEMENT
ET
CAUSES DE MAUVAIS FONCTIONNEMENT
XXXVI

MISE EN MARCHE

1° Dévisser la vis-bouchon de la pompe à huile et vider l'air.

2° Vérifier les attaches du câble de la magnéto.

3° Vérifier si les contre-écrous de cylindre sont serrés, si les jeux sont convenables entre les basculeurs et les soupapes.

4° Graisser légèrement les roulements de basculeurs de cylindre et les articulations des tringles sur leurs leviers.

5° Mettre quelques gouttes d'essence dans chacun des cylindres par les soupapes d'échappement.

6° Ouvrir très légèrement le volet du carburateur, ouvrir en grand le frein-filtre et lancer le moteur à l'hélice après avoir mis le contact. Ensuite régler l'ouverture du volet et celle du frein-filtre, de façon à obtenir la vitesse et la puissance désirées.

SI LE MOTEUR NE PART PAS.

1° Enlever le fil de masse afin de se rendre compte s'il n'y a pas un court-circuit de ce côté.

2° Vérifier le câble allant de la magnéto au porte-charbon.

3° Vérifier le porte-charbon et l'état de propreté du distributeur.

TABLE DES MATIÈRES

Catalogue Aérien de la Collection Corde Raide

Au sujet d'Adrienne Bolland

Premières publications au sujet d'Adrienne Bolland basées sur les archives véérifiées, retrouvées en France et en Amérique du Sud :

Le Matricule des Oiseaux
de Coline Béry
103 pages
111 illustrations
2015
Français/Anglais/Espagnol

Le « Matricule Des Oiseaux, à la recherche des deux avions légendaires d'Adrienne Bolland », est une autre façon de raconter l'histoire vraie de la pilote française, alors âgée de vingt-cinq ans, et qui est payée comme pilote d'essai pour vendre deux avions « Caudron » en Amérique du sud en 1921. Une première mondiale. Un de ces deux avions embarqués en pièces détachées côte à côte dans le Transatlantique Lutétia va devenir mondialement célèbre : il a traversé piloté par Adrienne Bolland la Cordillère des Andes le 1er avril 1921. Tandis que son petit frère va lui, connaître... l'enfer. Entre gloire réelle et limbes quelle est donc l'histoire vraie de ces engins, qui Adrienne Bolland a-t-elle rencontré sur le lointain continent Sud Américain ? Enfin, où sont les deux Caudron Type G.3 aujourd'hui ? Pour répondre à ces questions, Coline Béry a mené son enquête comme une Sherlock Holmes d'aujourd'hui, aidée depuis 2010 par les historiens, les chercheurs et les spécialistes de l'aviation dans tous les pays d'Amérique du Sud où Adrienne Bolland a vécu et volé.

Adrienne Bolland, la déesse s'amuse.
de Coline Béry
100 pages
Français
2016

Le premier et le seul film existant sur Adrienne Bolland nous la montre, et il nous permet de l'entendre. Elle apparaît dans une pièce fermée dont les murs sont noirs. Le zoom happe vite son visage en angles vifs - mais pas coupants ; son pull en laine, à col ras, blanc, met en évidence son cou fin et tendu vers son interviewer invisible.

Attentive, gracile, sérieuse, inquiète, vive ; gaiement fière d'être devant ces caméras - mais grave aussi, l'instant est historique -, elle se tient très droite – Adrienne Bolland voulait être danseuse -, et on devine à sa façon d'observer un point en contrebas, près de son siège, ou de son tabouret, qu'elle a envie de fumer sa cigarette - laquelle se consume, sans qu'elle ose tirer dessus à pleine bouche - devant ces messieurs qui font un travail tellement sérieux et si important à son sujet – le premier du genre..., et qui sera, selon ce que lui a dit le réalisateur, diffusé à la télévision - alors elle se doit de faire attention à chacun de ses gestes. Mais oublions les images, qui vieillissent toutes, un jour ou l'autre, et écoutons-la...

Adrienne Bolland, l'Air sauvage
de Coline Béry
327 pages
2017
Français.
Articles, Essais, Documents biographiques,
 C'est l'histoire de cette jeune Française qui devient la star de l'aviation mondiale le 1er avril 1921, et qui le restera jusqu'en 1975, mais racontée par Coline Béry sous forme de récits et de courts essais techniques et biographiques.
 Une chronologie détaillée et circonstanciée de sa vie, ainsi que l'intégralité des informations biographiques qui concerne sa famille permettent de mieux comprendre le destin de cette femme, jugée choquante et immorale, mais qui aimait surtout que l'air soit sauvage, et qu'il le reste avec humour.

Adrienne Bolland, l'Air Sauvage 2
de Coline Béry
412 pages
2020
Français
 Édition illustrée de 200 images d'archives inédites.
 Sélectionné par la revue Icare en 2021, l'Air Sauvage 2 est une étude biographique complète et illustrée de la vie d'Adrienne Bolland. En 409 pages, et grâce à plus de 200 photographies et documents d'archives inédits noir et blanc et couleurs, découvrez le destin fascinant d'Adrienne Bolland. Aviatrice et femme engagée qui a marqué le 20ème siècle à plus d'un titre. Celle qui se surnommait elle-même « Zizi » aimait par-dessus tout vivre dangereusement et aimer librement. Souvent jalousée pour sa soif d'absolu et son désir

d'intégrité, jamais égalée dans son domaine d'excellence, la voltige aérienne, cet ouvrage, le plus complet qui existe sur une aviatrice française, vous livre toute l'étendue de l'honnêteté intellectuelle de cette figure légendaire. Coline Béry a retranscrit des interviews inédits, qui montre l'étendue de la générosité et de l'humour noir de cette personnalité unique. Adrienne Bolland fait sans conteste partie de ces êtres humains dignes de porter le titre de trésor national. Grâce aux illustrations inédites et aux archives découvertes par l'auteure depuis douze ans, vous comprendrez page après page pourquoi tous les historiens de l'air du passé se sont trompés et ont focalisés leur attention sur son passage « miraculeux » de la Cordillère des Andes, alors que la vérité est bien plus belle et complexe. Aucune enquête sérieuse n'avait été entreprise depuis 1975. Aujourd'hui, la vérité se révèle lumineuse et simple à formuler : Adrienne Bolland est la seule aviatrice française à posséder des racines royales, elle est la seule à avoir eu l'humilité de cacher la célébrité de son père et de son frère, elle est la seule à avoir survécu à un métier inventé par le 20ème siècle et hautement mortel : celui de pilote d'acrobatie.

Le livre comprend : les origines de sa famille, les détails de la vie d'Henri Bolland, son père, et de Benoît Boland, son frère ; ses domiciles successifs ; le Matricule des Oiseaux (l'histoire complète et illustrée de ses exploits en Amérique du Sud, dont la célèbre traversée des Andes du 1er avril 1921) ; le seul texte écrit par l'aviatrice pour la presse ; une chronologie illustrée ; ses titres honorifiques ; la retranscription du seul film au monde d'une interview de l'aviatrice en 1971 ; les « souvenirs irrévérencieux » de l'aviatrice classés par date ; la retranscription de deux archives inédite : une interview audio et un récit de voyage ; la liste de ses avions et leurs caractéristiques ; la bibliographie complète ; un index.

De la même auteure

Introductions et préfaces

Paris Croque-Mort, Charles Virmaitre. Préface et postface, Collection Corde Raide 2015.

Les Flagellants et les Flagellés, Charles Virmaitre. Préface et postface, Collection Corde Raide 2015.

Aux îles de lumière, Renée Hamon. Préface et postface, Collection Corde Raide 2015.

Aéropolis, Henry Kistemaeckers. Préface et postface, Collection Corde Raide 2015.

Les Lettres de la Religieuse Portugaise, Gabriel de Guilleragues. Préface et postface, Collection Corde Raide 2015.

Nouvelle

Marions-les, éditions Terre de Brume, 2014. Recueil de nouvelles noires. Pages 41-53.

(1er prix national de la nouvelle noire du Festival *Noir sur La ville* de Lamballe).

Récits biographiques et archives

Le Matricule des Oiseaux. Collection Corde Raide, 2016.

Adrienne Bolland, ou les ailes de la liberté. Éditions Le Passeur Éditeur, 2016.

Adrienne Bolland, la déesse s'amuse. Collection Corde Raide, 2016.

Adrienne Bolland, Entretiens avec une déesse. Collection Corde Raide, 2016.

L'Air sauvage, Adrienne Bolland 1895-1975. Édition non illustrée. Collection Corde Raide, 2017.

L'Air sauvage 2, Adrienne Bolland 1895-1975. Édition illustrée. Collection Corde Raide, 2020.

Articles

2015, Revue en ligne Anciens Aérodromes. La Cordillère des Andes et Adrienne Bolland en 1921, article franco espagnol en lien avec la Gaceta Aeronaútica.

2017, **Revue RELIEFS N°5 Ciel** - Reliefs Éditions - Revue trimestrielle ISBN 979-1-0965540-6-5

2020, **Point de Vue & Images du monde N°3770**.

2021, **Revue Icare** N°256 - Dossier spécial Centenaire Adrienne Bolland.

2021, **Brochure AFFP** consacrée au centenaire de l'exploit d'Adrienne Bolland (en Français et en Espagnol).

2021, **Revue Airways N°22.**

De la même auteure chez d'autres éditeurs

Adrienne Bolland les ailes de la liberté. Le Passeur éditeur, 2016.

Signes et symboles de nos ancêtres - Des messages vivants pour aujourd'hui. Véga Editions, 2024.

Filmographie

Documentaire biopic sur la vie d'Adrienne Bolland « Les victoires de l'audace ». 58 mn. Bande annonce et trois extraits disponibles sur Youtube. https://youtu.be/FZN7hWjxf-k et https://www.youtube.com/watch?v=o9HplX9Ld68

Web série

De décembre 2019 à novembre 2020, tournage de "**Adrienne Bolland, l'Art de piloter sa vie**", et diffusion gratuite sur Youtube.
Cette websérie en 25 épisodes, d'une demi-heure environ chacun, est entièrement axée sur les archives et les documents de l'enquête qui m'ont amenée à faire nombre de découvertes et qui m'ont fait voyager jusqu'en Amérique du Sud sur les traces de cette aviatrice légendaire, la plus grande du 20ème siècle.

Réseaux sociaux Coline Béry

https://colinebery.wordpress.com/
https://www.facebook.com/pages/Coline-B%C3%A9ry/812269085483734
https://www.facebook.com/colinebery.auteur

Réseaux sociaux Collection Corde Raide

http://collectioncorderaide.com
https://www.facebook.com/pages/Collection-Corde-Raide/1502610649990118

Réseaux sociaux Anne Vanier

https://annevanier.weebly.com
https://www.facebook.com/annevanierd